Christian Timmermann

Lithium als lebenswichtiger Rohstoff für den Betrieb von Elektroautos

Lagerstätten, Förderung und Potential

GRIN Verlag

Bibliografische Information der Deutschen Nationalbibliothek:

Die Deutsche Bibliothek verzeichnet diese Publikation in der Deutschen National-
bibliografie; detaillierte bibliografische Daten sind im Internet über http://dnb.d-
nb.de/ abrufbar.

Impressum:

Copyright © 2011 GRIN Verlag GmbH
Druck und Bindung: Books on Demand GmbH, Norderstedt Germany
ISBN: 978-3-656-17656-5

Dieses Buch bei GRIN:

http://www.grin.com/de/e-book/192613/lithium-als-lebenswichtiger-rohstoff-fuer-
den-betrieb-von-elektroautos

RWTH Aachen   11.04.2011

Geographisches Institut

Hauptseminar

Sommersemester 2011

Hausarbeit

Lithium als lebenswichtiger Rohstoff für den Betrieb von Elektroautos

Lagerstätten, Förderung und Potential

Christian Timmermann

6. Semester

Studienfach: B. Sc. Angewandte Geographie

Inhaltsverzeichnis

Abbildungs- und Tabellenverzeichnis

1 Einleitung

In Anbetracht des voranschreitenden Klimawandels und der Endlichkeit des Rohöls auf der Erde, spielen vor allem bei der Mobilität alternative Antriebskonzepte eine wichtige Rolle. Automobile nehmen einen großen Teil des jährlichen CO_2-Ausstosses ein und so verwundert es nicht, dass auf diesem Sektor, auch auf politischen Druck hin, alternative Antriebskonzepte erforscht, entwickelt und vorgestellt werden.

Diese Antriebe basieren heute zumeist auf den Lithium-Ionen (Li-ion)-Batterien. Diesen Batterien liegt der Rohstoff Lithium zugrunde, der ebenso wie das Rohöl nur begrenzt zur Verfügung steht und doch der Bedarf an diesem Rohstoff weiter steigen wird.

Mit dieser Arbeit sollen die weltweiten Lithium-Lagerstätten und die verschiedenen Arten der Förderung vorgestellt werden. Des Weiteren soll vor allem im Hinblick auf die Bedeutung für die Elektromobilität das zukünftige Potential und die Reichweite des Rohstoffs Lithium dargestellt werden.

2 Lithium – Eigenschaften und Anwendungsbereich

Das Element Lithium (Li) (griech. lithos = Stein) wurde 1817 von dem Schweden J.A. Arfvedson erstmals in dem silikatischen Mineral Petalit entdeckt (Otto 2000:10). Es ist das erste und gleichzeitig leichteste Metall im Periodensystem mit einem Atomgewicht von 6,941 u (u = atomare Masseneinheit. Zum Vergleich: das Element Eisen (Fe) hat ein Atomgewicht von 55,845 u). Es ist ein leicht formbares Alkalimetall und hat eine silbergraue Farbe. Des Weiteren ist es bei Raumtemperatur (20 °C) der Feststoff mit der geringsten Dichte (0,534 g/cm³) und reagiert mit den meisten Luftbestandteilen, wie z.B. Wasser, Sauerstoff, Kohlenstoffdioxid oder Stickstoff. Dementsprechend liegt Lithium in der Natur lediglich in Verbindungen vor (Wendl 2009:4). Ausserdem besitzt es von allen Elementen mit -3,045 Volt das höchste Normalpotential (Otto 2000:10). Aufgrund dieser Eigenschaften wird Lithium heute in vielen industriellen Anwendungsgebieten genutzt. Das Spektrum reicht von der Glas- und Keramikproduktion hin zur Kathode und Leitsalz in Sekundärbatterien oder in Pharmazeutika zur Behandlung von Depressionen (Wendl

2009:12). Einen Überblick über die unterschiedlichen Verwendungen von Lithium zeigt die folgende Abbildung.

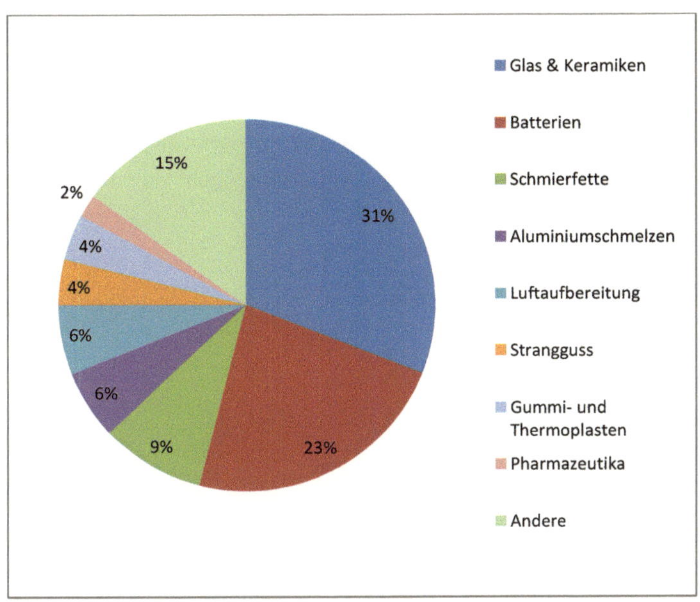

Abb. 1: Geschätzte Lithium-Verwendungen in 2011.
Quelle: eigene Darstellung nach USGS (2011a)

Die Abbildung zeigt, dass bei den für das Jahr 2011 erwarteten Lithium-Verwendungen, der größte Teil für die Glas- und Keramikproduktion (31%) erwartet wird. Darauf folgt die Verwendung in Batterien (23%) und in Schmierfetten (9%). Vor allem die Verwendung in Batterien ist in den letzten Jahren stark angestiegen, weil wiederaufladbare Lithium-Batterien immer mehr in tragbaren elektronischen Geräten verwendet werden. Auch in der Elektromobilität spielt Lithium eine wichtige Rolle und so treiben viele große Automobilunternehmen ihre Entwicklungen von effizienten Lithium-Batterien voran und werden somit den Bedarf an diesem Rohstoff weiter steigern (USGS 2011:95).

3 Lithium Lagerstätten

Wie bereits im ersten Kapitel erwähnt findet sich Lithium in der Natur ausschließlich in Verbindungen und ist dementsprechend in einer Vielzahl von Mineralien, Erden, Wässern und Solen enthalten. Es steht in der Rangfolge der Häufigkeit aller Elemente an 27. Stelle und kommt damit z.B. weniger oft vor als Natrium, aber häufiger als Zinn (Otto 2000:10). Aus der geochemischen Charakteristik des Lithiums ergibt sich, dass in folgenden geologischen Milieus größere Anreicherungen von Lithium vorkommen können:

- Pegmatite,
- Salare und Salzseen,
- Greisenbildungen,
- gewisse Tonvorkommen (Hectorit).

Für die wirtschaftliche Gewinnung des Lithiums kommen allerdings nach wie vor nur die Pegmatite und die Salare in Frage (BGR 1988:5). Daraus ergeben sich für den Abbau von Lithium zwei unterschiedliche Methoden: die Förderung aus mineralischem Gestein (Mineralische Produktion) und die Produktion aus Salzseen (Brine Produktion) (Achzet 2010:18). Auf die Einzelheiten der Förderung wird im späteren Verlauf der Arbeit näher eingegangen.

3.1 Ressourcen, Reservebasis und Reserven

Bei der Bewertung und Einschätzung der weltweiten Lithium-Vorkommen gibt es unterschiedliche Herangehensweisen. Diese führen in der Literatur zu sehr unterschiedlichen Meinungen darüber, wie weit das Lithium auf der Erde reicht. Um diese vergleichen zu können ist es zunächst notwendig einige Begriffe nach der offiziellen Definition des U.S. Geological Survey (USGS) zu erläutern. Der USGS unterteilt das Gesamtvorkommen eines Minerals in Reserves (Reserven), Reserve Base (Reservebasis) und Resources (Ressourcen). Letztere umfassen dabei die

Menge eines festen, flüssigen oder gasförmigen Materials in der Erdkruste, welches aktuell oder potentiell wirtschaftlich abgebaut werden kann.

Die Reservebasis ist der Teil der Ressourcen, welcher die spezifischen physikalischen und chemischen Mindestkriterien für die gegenwärtigen Bergbau- und Produktionspraktiken erfüllt. Weiterhin beinhaltet die Reservebasis Ressourcen, die innerhalb eines bestimmten Planungszeitraumes und angenommenen technischen und ökonomischen Entwicklungen möglicherweise abgebaut werden können.

Die Reserven geben letztendlich an, wie viel von der Reservebasis zum Zeitpunkt der Bestimmung wirtschaftlich abgebaut oder produziert werden kann. Allerdings muss die dafür benötigte Infrastruktur nicht zwangsweise vorhanden sein, sondern nur das förderbare Material (USGS 2011b).

3.2 Verfügbarkeit und Verteilung der Lithium-Reserven

Über die genauen Zahlen der globalen Lithium-Reserven herrscht keine Einigkeit unter den verschiedenen Experten und Institutionen. So veröffentlichte Tahil vom französischen Beratungsunternehmen Meridian International Research (MIR) im Jahr 2007 den Bericht „The Trouble with Lithium" und beziffert die globalen Lithium-Reserven mit 6,8 Mio. Tonnen, was deutlich unter den Einschätzungen der anderen Institutionen und Experten liegt. Dieser Bericht sorgte für Aufsehen und andere Autoren, wie Hoelzgen (2009) titelten: „Lithium-Mangel bedroht die Auto-Revolution" im Hinblick auf die steigende Nachfrage nach Lithium im Zuge der Weiterentwicklung der Elektromobilität. Auch Heide (2009) vom Handelsblatt spricht als Reaktion auf den Bericht vom MIR vom „Kampf um den Rohstoff der Zukunft". Jedoch sehen andere Institutionen und Experten die Situation nicht so kritisch und kritisieren den Bericht des MIR. So stellt z.B. Evans (2008b:1) die genannten Zahlen des Berichts in Frage, da keine Quellen angegeben werden und so nicht nachvollziehbar sind. Die nachfolgende Abbildung zeigt die unterschiedlichen Einschätzungen.

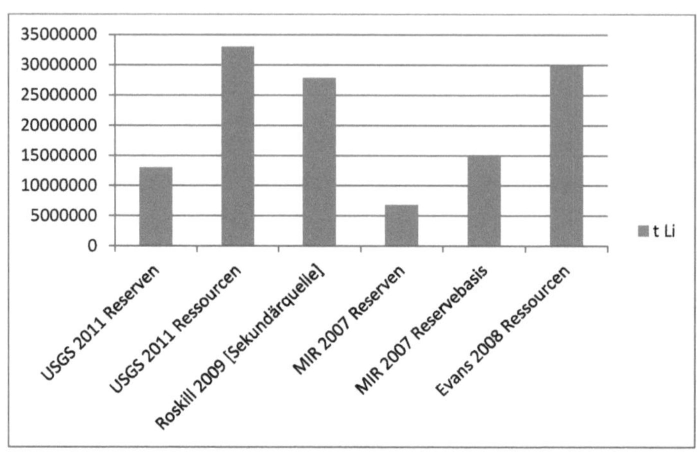

Abb. 2: Weltweite Lithium-Reserven und Ressourcen der unterschiedlichen Institutionen und Experten.
Quelle: eigene Darstellung nach USGS (2011a), Wendl (2009), Tahil (2007), Evans (2008)

Evans (2008b:7) trifft lediglich Aussagen über die Lithium Ressourcen und schätzt diese weltweit auf etwa 29,9 Mio. Tonnen. Damit liegt er nur knapp unterhalb der Einschätzung des USGS (2011a:95), der die Ressourcen mit 33 Mio. Tonnen weltweit angibt. Für den Wert der Roskill Information Services, Ltd. Liegen nur Informationen aus einer Sekundärquelle (Wendl 2009:9) vor, da die Primärquelle aus finanziellen Gründen nicht herangezogen werden kann. In der Sekundärquelle ist der angegebene Wert von 27,8 Mio. Tonnen Lithium als Reserve angegeben, was im Vergleich zu den Aussagen über Ressourcen und den Reserven des USGS und von Evans einen noch höheren Ressourcenwert bedeuten würde.

Eindeutiger lassen sich die Aussagen von Tahil (2007:2) einordnen. Dort werden die globalen Lithium-Reserven mit 6,8 Mio. Tonnen angegeben und somit etwa die Hälfte weniger gegenüber der Einschätzungen des USGS (13,8 Mio. Tonnen).

Die folgende Weltkarte zeigt die Verteilung der Lithium-Reserven und Ressourcen in den verschiedenen Ländern.

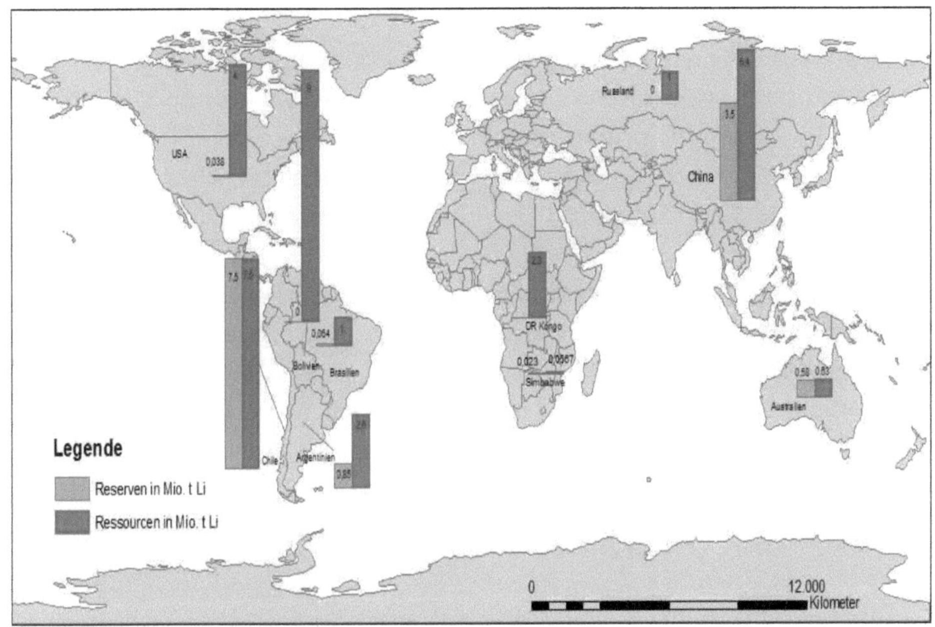

Abb. 3: der identifizierten Lithium-Reserven und Ressourcen nach Ländern.
Quelle: eigene Darstellung nach USGS 2011a, Evans 2008a. Kartengrundlage: ArcGIS.

Die weltweit identifizierten Lithium-Ressourcen belaufen sich laut USGS (2011) und Evans (2008b) auf etwa 30 Mio. Tonnen Lithium (vgl. Abb. 2). Davon befinden sich rund zwei Drittel (20,1 Mio. Tonnen), in Südamerika, nämlich in Chile, Argentinien und Bolivien. Dort ist das Lithium vor allem in den großen Salzseen der Anden zu finden, wie dem Salar de Atacama in Chile, dem Salar de Hombre Muerto in Argentinien oder dem Salar de Uyuni in Bolivien, dem größten Salzsee der Erde.

In Nordamerika handelt es sich hauptsächlich um Lithium-führende Pegmatitvorkommen in Kings Mountain, North Carolina. Dort wurde die Produktion allerdings eingestellt, da die Gewinnung aus Mineralvorkommen wirtschaftlich nicht mit der Produktion aus Salar de Atacama in Chile mithalten konnte. Allerdings können die Minen im Falle eines starken Anstiegs der Nachfrage reaktiviert werden (Evans 2008a:5). Produziert wird hingegen noch am Silver Peak Trockensee in Nevada und dort werden die Reserven auf etwa 40.000 Tonnen Lithium geschätzt (Evans 2008a:5).

In China und Tibet befinden sich drei größere Salzseen mit erwähnenswerten Lithium-Ressourcen, den Taijinar Salzsee in der Provinz Qinghai nördlich von Tibet, den Zabuye und den Damxung Salzsee in Tibet (RIC 2009:2).

Die großen Lithium-Ressourcen in der Demokratischen Republik Kongo sind lithium-führende Pegmatite in einer Größenordnung von 2,3 Mio. Tonnen Lithium. Allerdings wird es bis heute nicht abgebaut, da die politische Situation instabil ist und die Infrastruktur für den Transport und Export der Rohstoffe nicht vorhanden ist (MIR 2008:26).

Die Ressourcen in Australien befinden sich ebenfalls in Pegmatiten und befinden sich in der Nähe der Stadt Greenbushes in Western Australia, etwa 250km südlich von Perth. Die Mineralien haben dort den höchsten Lithiumgehalt der Erde. Das Kerngeschäft der Minen dort bildet allerdings der Abbau und der Verkauf von Tantal, welches vorwiegend in der Elektronikindustrie verwendet wird (Talison Lithium, Ltd. 2011).

4 Abbauverfahren und Produktion

In diesem Kapitel werden die beiden Abbauverfahren von Lithium vorgestellt, wie sie heute durchgeführt werden und aktuelle Zahlen zu den Produktionsmengen in den einzelnen Abbauländern.

4.1 Die Brine Produktion

Die sogenannten Brine (engl. = Sole) Produktion findet an lithiumhaltigen Salzseen statt. Diese Salzseen befinden sich meist in unterirdischen Reservoiren und bestehen aus einer Sole-Mischung, die Natriumchlorid, Kalium, Magnesium, Schwefeloxid und Lithium enthält. Diese Sole, welche zu Beginn etwa einen Lithiumanteil von 0,15% aufweist, wird im ersten Schritt über aufwendige Pumpsysteme in sogenannte Evaporationsbecken gepumpt. Diese sind im Durchschnitt 0,5 bis 1,0m tief und zur Abdichtung mit einer Tonschicht und einer PVC-Folie ausgekleidet (Otto 2000:12). Des Weiteren sind diese Becken auf eine sehr große Fläche verteilt. Folgende Abbildung zeigt eine Lithium-Produktionsanlage der Sociedad Chilena de Litio (SCL), welche 1998 von der deutschen Chemetall GmbH gekauft wurde, im Salar de Atacama etwa 200km östlich von Antofagasta in Chile. Diese Anlage hat 1984 ihre Produktion aufgenommen und wurde von dort an sukzessive ausgebaut bis sie die Ausmaße wie in der Abbildung im Jahr 2008 erreicht hat.

Abb. 4: Lithium-Produktionsanlage im Salar de Atacama.
Quelle: Chemetall GmbH (2009), S. 10.

In den gut zu erkennenden großen Evaporationsbecken verdampft der Wasseranteil der Sole durch die Sonneneinstrahlung und die Sole wird in immer kleinere Becken überführt. Der Evaporationsprozess dauert von Beginn bis zur tatsächlichen Extraktion der aufkonzentrierten Sole bis zu einem Jahr. Die Extraktion der Sole wird bei einem Lithiumanteil von ca. 6% durchgeführt (Achzet 2010:18). Wenn dieser Anteil erreicht wird, wird die Sole aus den kleinsten Becken entfernt und zur Weiterverarbeitung abtransportiert. Während des Weiterverarbeitungsprozesses wird über Kristallisationsprozesse Lithiumcarbonat (Li_2CO_3) hergestellt, welches das Rohmaterial der Li-ion-Batterie ist (Achzet 2010:18).

Das Lithiumcarbonat ist allerdings nicht das einzige Produkt das im Evaporationsverlauf anfällt. Bei anhaltender Verdunstung werden nacheinander verschiedene Nebenprodukte ausgefällt, wie z.B. Bischofit, Steinsalz oder Carnallit (Otto 2000:12).

Diese können in weiteren Verarbeitungsschritten zerkleinert und getrocknet werden, um als Düngemittel oder in chemisch reiner Form als Kaliumchlorid und Natriumsulfat auf den Markt gebracht zu werden (Achzet 2010:19). Je nach Geschäftsfeld des Unternehmens wird der Produktionsprozess auf den einen oder den anderen Rohstoff ausgelegt. So liegt das Kerngeschäft der Sociedad Química y Minera de Chile S.A. (SQM), welche ebenfalls in der Salar de Atacama produziert, in der Produktion und Verkauf von natriumhaltigen Düngemitteln (SQM 2010:3) und das der Chemetall GmbH in der Produktion von Lithium (Chemetall 2009:3).

4.2 Die mineralische Produktion

Derzeit gibt es drei Lithiummineralien, aus denen derzeit kommerziell Lithium gewonnen wird: Spodumen, Petalit und Lepidolit. Dies sind alles Lithiumsilikate, die hauptsächlich in Graniten und Pegmatiten vorkommen. Der Spodumen ist dabei das bedeutendste Mineral aufgrund seines höheren Lithiumgehalts und der Tatsache, dass es oft in großen Lagerstätten vorgefunden wird. Das Mineral wird zum Abbau mechanisch zerkleinert und thermisch behandelt. Durch einen Kalzinierungsprozess wird die beim Mischprozess hinzugefügte Schwefelsäure wieder entfernt und anschließend wird das Mineral durch alkalische Aufschlussverfahren und Filtervorgänge in Lithiumcarbonat überführt. Aus diesem Produktionsprozess wird deutlich, dass es sich um ein energieaufwendiges, chemikalien- und damit kostenintensives Verfahren handelt (Achzet 2010:19). Lithiumminerale werden hauptsächlich in Australien, China und Mozambique abgebaut und kleinere Mengen ebenfalls in Frankreich, Indien, Schweden und der Ukraine (Wendl 2009:5).

4.3 Weltweite Lithium-Produktion

Die weltweite Gesamtproduktion von Lithium beläuft sich nach USGS (2011a) auf etwa 25.350 Tonnen. Wie diese Menge auf die einzelnen Produktionsländer verteilt ist, zeigt die nachfolgende Tabelle, wobei anzumerken ist, dass die USA keine Angaben über die Menge des dort produzierten Lithiums machen.

Tab. 1: Weltweite Lithium-Produktion (t Li) nach Ländern.

Quelle: eigene Darstellung nach USGS (2011a).

	2009	2010	Veränderung	Anteil an Gesamtproduktion 2010
Argentinien	2220	2900	+30,6%	11,4%
Australien	6280	8500	+35,4%	33,5%
Brasilien	160	180	+12,5%	0,7%
Chile	5620	8800	+56,6%	34,7%
China	3760	4500	+19,7%	17,8%
Simbabwe	400	470	+17,5%	1,9%
Insgesamt	18440	25350	+37,5%	100%

In absoluten Zahlen ausgedrückt ist Chile der weltweit größte Produzent von Lithium mit einem Produktionsvolumen von 8800 Tonnen im Jahr 2010 und einem Anteil an der Gesamtproduktion von 34,7%. Nur etwas weniger konnte Australien produzieren, nämlich 8500 Tonnen. Weitere wichtige Produktionsländer sind China mit 4500 Tonnen und einem Anteil von 17,8% an der Gesamtproduktion und Argentinien mit 2900 Tonnen und einem Anteil von 11,4%.

Analog zu der Verteilung der Lithium-Reserven und Ressourcen ist auch bei der Produktion eine starke Konzentration auf den südamerikanischen Kontinent zu erkennen, wo beinahe 50% der weltweiten Lithium-Produktion stattfinden. Dabei ist Bolivien erst dabei seine enormen Ressourcen zu nutzen und zu erschließen.

5 Lithium-Bedarf und Reichweite für die Elektromobilität

Um die Reichweite der weltweiten Lithium-Ressourcen abzuschätzen ist es notwendig zunächst den Bedarf für die Zukunft in etwa abzuschätzen. Dies gestaltet sich doch relativ schwierig und wird auch von den verschiedenen Akteuren sehr unterschiedlich eingeschätzt. Dabei wird häufig auf die Einheit Lithiumcarbonat-Äquivalent (LCE) zurückgegriffen, da Lithiumcarbonat der Hauptrohstoff für die meisten Anwendungen von Lithium ist, vor allem von Li-ion-Batterien (Chemetall GmbH 2010:7). Dabei entspricht ein Kilogramm Lithium in etwa 5,32 Kilogramm Lithiumcarbonat und so betragen die heutigen Lithium-Ressourcen etwa 135 bis 160 Mio. Tonnen LCE (Schott 2010:6).

5.1 Heutiger und künftiger Lithium-Bedarf für Batterien

Für das Jahr 2011 wird der gesamte Lithium-Bedarf für Batterien auf 23% des Gesamtverbrauchs geschätzt und ist somit die Anwendung mit dem zweitgrößten Lithium-Bedarf (vgl. Abb. 1). Aufgrund des enormen Wachstums der entsprechenden Märkte und dem großen Einsatzpotential von Batterien in Elektronik und im Fahrzeugbau wird dies jedoch künftig der Haupt-Lithium-Verbraucher werden. Unterschieden wird zwischen Primär- und wiederaufladbaren Sekundärbatterien, wobei letztere 90% des Lithium-Bedarfs für Batterien in 2008 ausmachten (Wendl 2009:15).
In Primärbatterien wird Lithium-Metall als Kathode verwendet und laut einer Schätzung wurden im Jahr 2008 dafür etwa 245 Tonnen Lithium verbraucht. Für die Herstellung von Anode und Kathode in Li-ion-Batterien werden Lithiumcarbonat oder Lithiumhydroxid verwendet. Zusätzlich kommen Lithium-Salze bei der Herstellung der Elektrolytlösung zum Einsatz. Für diese, für die Elektromobilität entscheidenden Rohstoffe, wurde für das Jahr 2008 ein Verbrauch von 3.940 Tonnen Lithium geschätzt (Wendl 2009:15).
Da diese Arbeit besonderen Fokus auf die Bedeutung des Lithiums für die Elektromobilität setzt, werden bei der zukünftigen Abschätzung lediglich die Entwicklungen der Sekundärbatterien einbezogen, da nur wiederaufladbare Batterien in Elektrofahrzeugen Sinn machen.
Weiterhin ist zunächst eine Unterscheidung und Abgrenzung verschiedener Typen von Elektrofahrzeugen vorzunehmen.
Zunächst sind dort die Hybridfahrzeuge (Hybrid Electric Vehicle HEV) zu nennen. Diese Fahrzeuge nutzen mindestens zwei verschiedene Energiewandler und/oder Energiespeicher mit dem Ziel, die Vorteile der einzelnen Systeme miteinander zu verbinden (Ketterer et al. 2009:30). So ist ein Elektromotor, welcher durch eine Batterie,

die wiederum beim Fahren mit dem Verbrennungsmotor geladen wird, für den Stadtverkehr vorgesehen und ein Verbrennungsmotor für Spitzenlasten und Langstrecken (Wendl 2009:16). Ausserdem sind die HEV noch einmal durch unterschiedliche Funktionalitäten zur Kraftstoffeinsparung, Emissionsreduktion und Erhöhung des Fahrkomforts unterteilt in: Mikro-, Mild- und Vollhybrid (Ketterer et al. 2009:31).

Weiterhin werden Elektrofahrzeuge (Electric Vehicle EV) unterschieden. Bei diesen Fahrzeugen wird einzig eine Batterie als Energiespeicher und ein Elektromotor als Energiewandler eingesetzt (Ketterer et al. 2009:33).

Zuletzt gibt es noch die sogenannten Plug-In Hybridfahrzeuge (Plug-In Hybrid Electric Vehicle PHEV). Diese unterscheiden sich dadurch von den HEV, dass die Batterie auch extern geladen werden kann und nicht auf den Verbrennungsmotor als Energiequelle angewiesen ist. Durch eine größere Kapazität der Batterie soll so die Reichweite im Elektrobetrieb erhöht werden und so der Treibstoffverbrauch noch weiter gesenkt werden (Ketterer et al. 2009:34).

Auf welcher der vorherrschenden drei Varianten in Zukunft der Fokus liegen wird, ist in unterschiedlicher Art und Weise dargestellt, aber generell ist davon auszugehen, dass reine EV aufgrund ihrer geringen Reichweite lediglich in Nischenanwendungen, wie z.B. im Stadt- oder im Flottenverkehr eine breite Anwendung finden werden.

Die PHEV befinden sich momentan erst in der Markteinführungsphase und daher dominieren derzeit die HEV den Elektromobilitäts-Markt. Allerdings geht Anderson (2011:11) in seiner bis 2020 ausgelegten Studie davon aus, dass die PHEV im Jahr 2019 den Markt dominieren werden. Wie sich diese Entwicklungen auf dem Elektromobil-Markt auf die Nachfrage nach Lithium auswirken zeigt folgende Abbildung.

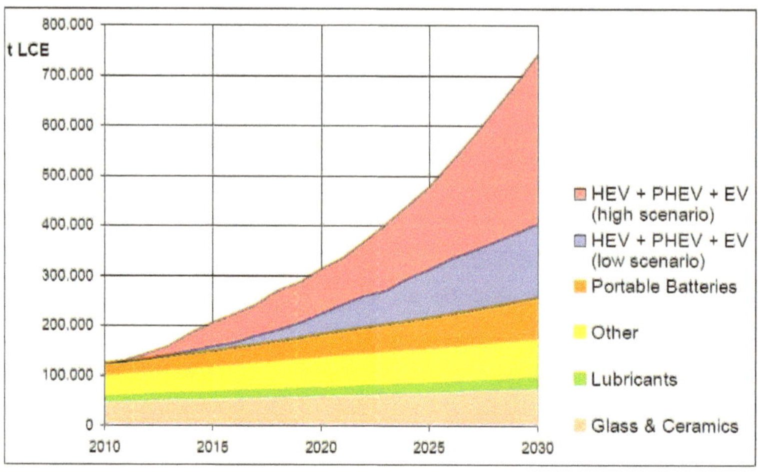

Abb. 5: Entwicklung des Lithium-Bedarfs bis 2030.
Quelle: Chemetall GmbH (2010), S. 10.

Ab dem Jahr 2010 wird eine sukzessive Erhöhung des Lithium-Bedarfs in allen Bereichen erwartet. Allerdings steigen die Bedarfe im Bereich der Elektrofahrzeuge am deutlichsten an, sodass bei den zwei Szenarien entweder von einem Bedarf von über 700.000 t LCE oder etwa 400.000 t LCE ausgegangen wird. Ausserdem wird deutlich, dass Batterien zukünftig der Haupt-Lithium-Verbraucher sein werden, welcher auf 27% in 2013 und sogar auf 42% des Gesamtverbrauchs in 2018 geschätzt wird (SQM 2008:31).

5.2 Reichweite der Lithium Ressourcen

Wie bereits erwähnt herrscht keine Einigkeit über die absoluten Zahlen der Lithium-Reserven und Ressourcen. Wendl (2009:11) geht bei seinen Annahmen von einer gleichbleibenden jährlichen Produktionsmenge von 22.810 Tonnen und einer Ressourcengröße von 14 Mio. Tonnen aus, was demnach einer statistischen Ressourcenreichweite von 614 Jahren entsprechen würde. Allerdings liegt die Produktionsmenge bereits im Jahr 2010 laut USGS (2011a:95) bereits bei 25.300

Tonnen pro Jahr und die Ressourcen wurden auf über 30 Mio. Tonnen nach oben korrigiert. Dies würde die statistische Ressourcenreichweite auf etwa 1304 Jahre erhöhen bei gleichbleibender Produktionsmenge. Die Reserven (13 Mio. t) würden bei diesen Berechnungen noch etwa 514 Jahre vorhalten. Jedoch wurde bereits erläutert, dass der Bedarf an Lithium aufgrund der Entwicklungen in der Elektromobilität erheblich zunehmen wird (vgl. Abb. 5). Heute dominieren die japanischen Automobilhersteller Toyota und Honda den Hybridfahrzeugmarkt, jedoch basieren die Fahrzeuge der Hersteller, der Vollhybrid Prius von Toyota und der Mild-Hybrid Civic von Honda, noch auf der Nickel-Metallhydrid (NiMH) Technologie, da es Sicherheits- und Qualitätsprobleme bei der Zellproduktion von Li-ion-Batterien gab. Jedoch ist der Umstieg bei Toyota auf die Li.ion-Technologie für dieses Jahr geplant (Ketterer et al. 2009:78). Der Toyota Prius hat sich nach Angaben des Unternehmens bisher weltweit über 3 Mio. mal verkauft und man möchte bis zum Ende des Jahres 2012 zehn weitere Hybridmodelle auf den Markt einführen (Toyota 2011). Um die Reichweite der Lithium-Ressourcen abzuschätzen zeigt die folgende Tabelle auf, wie weit die derzeit bekannten Lithium-Ressourcen für die Herstellung von Li-ion-Batterien für Elektrofahrzeuge reichen würden.

Tab. 2: Reichweite der Lithium-Ressourcen im Bezug auf die Elektromobilität.
Quelle: eigene Darstellung nach USGS (2011a), Evans (2008a), MIR (2008), Chemetall (2010).

			USGS (2011)	Evans (2008)	MIR (2008)
Ressourcen (Mio. t LCE)			175,56	159,068	92,4616
Batteriekapazität	EV	25/22	7,98 Mrd.	7,23 Mrd.	4,2 Mrd.
(kWh)/Li-Bedarf	PHEV	16/15	11,7 Mrd.	10,6 Mrd.	6,16 Mrd.
(kg LCE)	HEV	1/2	87,78 Mrd.	79,53 Mrd.	46,23 Mrd.
Reichweite bei 50 Mio. PHEV/a			234 Jahre	212 Jahre	123 Jahre

Die Tabelle zeigt, dass mit den Ressourcen, die heute bekannt sind eine Produktion von 50 Mio. PHEV pro Jahr (im Jahr 2009 wurden weltweit etwa 47 Mio. Kfz produziert (OICA 2009)) über 200 Jahre aufrecht gehalten werden kann. Dem liegt natürlich die Annahme zu Grunde, dass sämtliche identifizierten Ressourcen erschlossen und abgebaut werden. Jedoch ist das Recycling von Lithium aus alten Batterien etc. nicht erfasst und so bietet sich noch mehr Potential.

Für die zukünftige Entwicklung des Bestands an Elektrofahrzeugen (HEV, PHEV und EV) existieren verschiedene Szenarien. Die Spanne der Prognosen ist groß und demzufolge ist eine genaue Vorhersage der Marktanteile und damit des Lithium-Bedarfs nur schwer möglich. Zusammenfassend kann man sagen, dass die Lithium-Ressourcen für den mittelfristigen zukünftigen Bedarf ausreichen werden. Solange kein unerwarteter Boom für Elektrofahrzeuge auftritt, können die Lithium-Produzenten ihre Kapazitäten wahrscheinlich auch entsprechend anpassen (Schott 2010:8).

6 Geopolitische Situation

Wie bereits dargestellt konzentriert sich ein großer Teil der Ressourcen und Reserven auf Südamerika und China. Diese Situation erfordert geopolitischen Weitblick, um eine erhöhte Abhängigkeit von Rohstoffimporten vor allem aus einzelnen, politisch weniger stabilen, Ländern und die damit verbundene Planungsunsicherheit zu vermeiden.

Verschiedene Experten empfehlen den sinnvollen Aufbau eines Rohstoffrecyclingsystems, um dadurch die Ressourceneffizienz zu erhöhen und Rohstoffknappheiten zu vermeiden. Wesentliche Einflussfaktoren hierbei sind die Kosten des Recyclings und die Auswirkung auf den Marktpreis von Lithium sowie die Effizienz der Recyclingverfahren (Schott 2010:10). Dabei liegt das Augenmerk vor allem auf dem Sekundärlithium aus Batterien und Akkumulatoren, die in den Elektrofahrzeugen eingesetzt werden (Wendl 2009:22). Die Chemetall GmbH (2009:27) geht heute von einer zukünftigen Recycling Rate von etwa 50% aus, jedoch wird in diesem Bereich verstärkt geforscht und so sollen z.B. durch die Verknüpfung verschiedener Verfahrenstechniken Recycling-Effizienzen von 80 bis 90% erreicht werden (Wendl 2009:28).

Eine Kreislaufwirtschaft mit dem Recycling von Batterien und dem Einsatz daraus gewonnener Sekundärlithium-Rohstoffe in der Batterieproduktion könnte eine erhebliche Reduzierung von Importen ermöglichen. Zudem eröffnet es eine Chance für Unternehmen der Umwelttechnologie neue Geschäftsfelder aufzubauen und somit die Wettbewerbsfähigkeit zu erhalten oder für junge Unternehmen sich zu etablieren (Schott 2010:10).

Eine weitere Möglichkeit zur Verbesserung der Versorgungssicherheit stellt die Erschließung neuer Quellen für Lithiumrohstoffe sowie die Entwicklung und Etablierung neuer Herstellungsmethoden dar. Erste Ansätze gibt es zum Beispiel in den USA. Dort soll Lithium umweltfreundlich aus dem Abwasser eines Geothermalkraftwerkes gewonnen werden. Die Entwicklungen stehen dort allerdings noch ganz am Anfang, deswegen können noch keine exakten Aussagen über die Kosten oder die technische Machbarkeit getroffen werden. Ein wesentlicher Verfahrensschritt ist die Abtrennung von Silikaten. Kostenvorteile bieten sich durch die Gewinnung von Lithium als Nebenprodukt der Geothermischen Energiegewinnung in Kombination mit anderen marktfähigen Neben-produktrohstoffen (Silikat, Wolfram, Cäsium, Rubidium). Erste Abschätzungen gehen von Produktionskosten zwischen 5 – 6 $/kg aus (Schott 2010:10). Weitere potentielle Standorte neben den USA und Chile befinden sich in Neuseeland, Italien, Island, Japan und Frankreich. Mengenangaben gibt es keine, jedoch werden keine großen Ressourcen erwartet (Evans 2008a:2).

7 Schlussbemerkung

Die Arbeit hat aufgezeigt, dass Lithium im Bezug auf die Elektromobilität der Rohstoff der Zukunft ist und in diesem Bereich eine sehr große Rolle spielen wird. Die weltweiten Ressourcen reichen dabei aus, um den mittelfristigen Bedarf zu decken. Dazu ist es allerdings notwendig, dass diese weiter erschlossen werden und neue Herstellungsmethoden erforscht und entwickelt werden. Weiterhin ist es von großer Bedeutung, dass eine effektive Kreislaufwirtschaft aufgebaut wird, um eine zu starke Abhängigkeit von den Förderländern zu vermeiden.

Literaturverzeichnis

Achzet, B. (2010): Strategische Rohstoffplanung für elektrische Antriebstechnologien im Automobilbau. Hamburg: Diplomica Verlag.

Anderson, E. R. (2011): Shocking Future Battering the Lithium Industry through 2020. <http://trugroup.com/whitepapers/TRU-Lithium-Outlook-2020.pdf> abgerufen am 20.03.2011.

Bundesanstalt für Geowissenschaften und Rohstoffe (BGR) (1988): Untersuchungen über Angebot und Nachfrage mineralischer Rohstoffe. XXI Lithium. Stuttgart: Schweizerbart'sche Verlagsbuchhandlung.

Chemetall GmbH (2009): Lithium Applications and Availability. <http://www.chemetalllithium.com/fileadmin/files_chemetall/Downloads/Chemetall_Li-Supply_2009_July.pdf> abgerufen am 16.03.2011.

Chemetall GmbH (2010): Lithium Recycling Activities from EV Batteries. <http://www.un.org/esa/dsd/susdevtopics/sdt_pdfs/meetings2010/EGM_latinamerica/PrPresentatio-and-Speeches/Session-1/5_STEFFEN_HABER/5.HABER.pdf> abgerufen am 18.03.2011.

Evans, R. K. (2008a): An Abundance of Lithium. <http://www.che.ncsu.edu/ILEET/phevs/lithium-availability/An_Abundance_of_Lithium.pdf> abgerufen am 14.03.2011.

Evans, R. K. (2008b): An Abundance of Lithium. Part Two. <http://www.evworld.com/library/KEvans_LithiumAbunance_pt2.pdf> abgerufen am 14.03.2011.

Heide, F. G. (2009): Kampf um den Rohstoff der Zukunft. <http://www.handelsblatt.com/finanzen/rohstoffe-devisen/rohstoffe/kampf-um-den-rohstoff-der-zukunft/3311814.html#image> abgerufen am 16.03.2011.

Hoelzgen, J. (2009): Rares Element: Lithium-Mangel bedroht die Auto-Revolution. <http://www.spiegel.de/wissenschaft/technik/0,1518,649579-2,00.html> abgerufen am 16.03.2011.

Ketterer, B./Karl, U./Möst, D./Ulrich, S. (2009): Lithium-Ionen Batterien: Stand der Technik und Anwendungspotenzial in Hybrid-, Plug-In Hybrid- und Elektrofahrzeugen. Karlsruhe: Forschungszentrum Karlsruhe GmbH.

Meridian International Research (MIR) (2008): The Trouble with Lithium 2. Under the Microscope. <http://www.meridian-int-res.com/Projects/Lithium_Microscope.pdf> abgerufen am 17.03.2011.

International Organization of Motor Vehicle Manufacturers (OICA) (2009): 2009 Production Statistics. <http://oica.net/category/production-statistics/2009-statistics/> abgerufen am 20.03.2011.

Otto, K.-H. (2000): Lithium – Hightech-Rohstoff aus der Atacama (Chile). In: Geographische Rundschau, 52(3), 10-16.

Research In China (RIC) (2009): China Lithium Carbonate Industry Report, 2009. <http://www.researchinchina.com/FreeReport/PdfFile/633985558995235000.pdf> abgerufen am 17.03.2011.

Schott, B. (2010): Lithium – begehrter Rohstoff der Zukunft. Eine Verfügbarkeitsanalyse.<http://www.zswbw.de/fileadmin/ZSW_files/Infoportal/ Informationsmaterial/docs/Risikoanalyse%20LithiuL_05_08_2010.pdf> abgerufen am 18.03.2011.

Sociedad Química y Minera de Chile S.A. (SQM) (2008): Results for 1H08 and Market Outlook. <http://www.sqm.com/pdf/Investors/Presentations/en/ Resultados%20y%20Persp ectivas_20080820_ing.pdf> abgerufen am 20.03.2011.

Sociedad Química y Minera de Chile S.A. (SQM) (2010): SQM Corporate Presentation December 2010. <http://www.sqm.com/pdf/Investors/Presentations/en/ SQM_Corporate_Presentation_Dec_2010_ing.pdf> abgerufen am 16.03.2011.

Tahil, W. (2007): The Trouble with Lithium. <http://www.meridian-int-res.com/Projects/Lithium_Problem_2.pdf> abgerufen am 16.03.2011.

Talison Lithium, Ltd. (2011): Talison Lithium Limited. Investor Presentation. March 2011. <http://www.talisonlithium.com/media/16861/ tlh_investor%20presentation%20march%220201.pdf> abgerufen am 17.03.2011.

Toyota Deutschland GmbH (2011): Weltweit über drei Millionen Toyota Hybridfahrzeuge verkauft. <http://www.toyota.de/about/news/details_2011_24.aspx> abgerufen am 20.03.2011.

U.S. Geological Survey (USGS) (2011a): Mineral Commodity Summaries. Lithium. <http://minerals.usgs.gov/minerals/pubs/commodity/lithium/mcs-2011-lithi.pdf> abgerufen am 14.03.2011.

U.S. Geological Survey (USGS) (2011b): Appendix C – Reserves and Ressources. <http://minerals.usgs.gov/minerals/pubs/mcs/2011/mcsapp2011.pdf> abgerufen am 14.03.2011.

Wendl, M. (2009): Abschätzung des künftigen Angebot-Nachfrage-Verhältnisses von Lithium vor dem Hintergrund des steigenden Verbrauchs in der Elektromobilität. Karlsruhe: Fraunhofer-ISI.